U0268534

芦原义信 [日] 著

卢春生＼高林广＼刘显武——译

建筑师的履历书

建築家の履歴書

中国建筑工业出版社

序

在我社一直从事日文版图书引进出版工作的刘文昕编辑，十余年来与日本出版界和建筑界频繁交往，积累了不少人脉，手头也慢慢攒了些日本多家出版社出版的好书。因此，想确定一个框架，出版一套看起来少点儿陈腐气、多点儿新意的丛书，再三找我商议。感铭于他的执着和尚存的理想，于是答应帮忙，组织了几个爱书的学者、建筑师，借助他们的学识和眼光，一来讨论选书的原则，二来与平面设计师一道，确定适合这套图书的整体设计风格。

这套丛书的作者可谓形形色色，但都是博识渊深、敏瞻睿哲的大家。既有上世纪80年代因《街道的美学》、《外部空间设计》两部名著，为中国建筑界所熟知的芦原义信，又有著名建筑史家铃木博之、建筑批评家布野修司，当然，还有一批早已在建筑世界扬名立万的建筑师：内藤广、原广司、山本理显、安藤忠雄……

这些日文著作的文本内容，大多笔调轻松，文字畅达，普通人读来，也毫无违碍之感，脱去了专业书籍一贯高深莫测的精英色彩。建筑既然与每一个人的日常生活息息相关，那么，用平实的语言，去解读城市、建筑，阐释自己的建筑观，让普通人感受建筑的空间之美、形式之美，进而构筑、设计美的生活，这应该是建筑师、理论家的一种社会责任吧。

回想起来，我们对于日本建筑，其实并不陌生，在上世纪80、90年代，通过杂志、书籍等媒介的译介流布，早已耳熟能详了。不过，那时的我们，似乎又仅限于对作品的关注。可是，如果对作品背后人的了解付之阙如，那样的了解总归失之粗浅。有鉴于此，这套丛书，我们尽可能选入一些有关建筑师成长经历的著作，不仅仅是励志，更在于告诉读者，尤其是青年学生，建筑师这个职业，需要具备怎样的素养，才能最终达成自己的理想。

羊年春节，外出旅游腰缠万贯的中国游客在日本疯狂抢购，竟然导致马桶盖一类的普通商品断了货，着实让日本商家莫名惊诧了一番。这则新闻，转至国内，迅速占据了各大网站的头条，一时成了人们茶余饭后的谈资。虽然中国游客青睐的日本制造，国内市场并不短缺，质量也不见得那么不堪，但是，对于告别了物质匮乏，进入丰饶时代不久的部分国人来说，对好用、好看，即好设计的渴望，已成为选择商品的重要砝码。

这样的现象，值得深思。在日本制造的背后，如果没有一个强大的设计文化和设计思维所引领的制造业系统，很难设想，可以生产出与欧美相比也不遑多让的优秀产品。

建筑亦如是。为何日本现代建筑呈现出独特的性格，为何日本建筑师屡获普利茨克奖？日本建筑师如何思考传统与现代，又如何从日常生活中获得对建筑本质的认知？这套丛书将努力收入解码建筑师设计思维、剖析作品背后文化和美学因素的那些著作，因为，我们觉得，知其然，更当知其所以然！

黄居正
2015年5月

目录

建筑师的履历书

前言

关于我作为建筑师的经历，出版有作品目录《芦原建筑设计研究所 1956—1996》（1996年10月）。另外，有关我的建筑观或城市论，出版有《外部空间的构成——从建筑到城市》、《外部空间设计》，以及《街道的美学》、《街道的美学·续》、《隐藏的秩序——面向21世纪的城市》、《东京的美学——模糊与秩序》、《探索秩序——面向未来的城市、建筑》等。本文对上述经历和观点进行了回顾，如能为建筑师的工作与今后的城市论提供参考，将无比荣幸。

大学毕业之前

我生于1918年7月7日，在东京山手四谷区南伊贺町（现在的新宿区箬叶町1町目的西念寺附近）长大。父亲芦原信之是医生，1868年出生。父亲一家世代为医，他年轻时曾留学德国，在甲午、日俄两次战争中作为军医从军，以后开设了芦原医院。

西念寺就在我家旁边，寺院内银杏树高耸挺拔，还有紫薇古树。这里是附近孩童们的"乐园"，他们在紫薇树上爬上爬下、抽陀螺、玩扑克牌、骑自行车拐来拐去、对阵、捉迷藏、比胆量、打棒球，等等，放学后就在这寺院内一直玩到日落。寺院内的墓地在傍晚时分显得有些阴森可怕。另外，南伊贺町邻接的寺町有许多寺院，这一带的土墙、坡道等一直铭刻在我的脑海里。这样的地方可以说就是我的"原本色"。

自己家就是医院，所以夜里有时被急诊病人叫醒，夏季也因为有重症病人而无法离开。看到父亲这种情况，我兄弟4人，姐妹3人，尽管受到了父亲的强劝，却没有一人成为医生。姐姐也没有一人嫁给医生。我最小，我上面的哥哥英了（敏信，年龄相差11岁）成为了音乐、舞蹈评论家。母亲喜久子也出身医生世家，外祖父藤田嗣章曾任军医总监。母亲的弟弟藤田嗣雄是宪法学者，藤田嗣治是画家。

我是在番町小学上的小学，每天步行经过四谷见附桥。这座桥需要说一下，根据《四谷见附桥调查报告》（东京都建设局与土木学会编辑）记载，我走过无数次的这座四谷见附桥于1913年竣工。看桥的侧面是钢结构的拱形，15根支柱支撑着上部的道路。与这些支柱的柱间相对应，在高栏杆上有被称为"爱奥尼式"的间柱。高栏杆中央隆起部分为桥名板，在中央部分设置桥名板很少见。这周围的装饰与附近赤坂离宫的巴洛克样式似乎有较深关系，赤坂离宫与日本桥几乎同期完工。

我的中学（旧制）是在府立一中（现为都立日比谷高中学

校）上的。同年级同学里有加藤周一、"虎屋"羊羹的黑川光朝等。我经过成城学院，于1940年进入东京帝国大学工学院学习建筑学专业。父亲强烈劝说我上面的兄长们学医，但对最小孩子的我已经放弃了，"随你喜欢吧"。我选择进入建筑学专业，也是受了我最小的哥哥英了的影响，还有母亲的弟弟藤田嗣治、表兄弟小山内薰的影响。我在这样的环境中，考虑选定了艺术与科学之间的事物。

那时的建筑学专业系主任是武藤清，建筑规划有岸田日出刀、建筑结构有内田祥三、城市规划有高山英华、建筑史有藤岛亥治郎等先生。教法和现在同样，提出设计课题，进行讲评等，设计课的教师和学生双方都把欧美近代建筑看作基础。建筑学专业的同级生有以后留校成为教授的池边阳和田中一彦、有去了国铁（国有铁路总公司）的佐野正一、有成为清水建设社长的吉野照藏、有宫内厅的小幡祥一郎等诸君。学科全部教师40余人。

入学时，战争（书中除特殊说明，均指第二次世界大战）

的脚步已经渐近，感觉已经没有安心学习的气氛了。我们与上一届在战争中战亡的人数最多。因为这种情况，我从大学到毕业也只受到了两年半教育。尽管如此，我最初着手的还是复制希腊建筑的多利克柱式等，丹下健三以及池边阳也读着勒·柯布西耶的书学习着建筑设计。曾做过东光堂书店会长的石内茂吉也带各种西方书籍到制图室，打开放在桌上。

阿尔弗莱德·罗斯所写的《The New Architecture》有英德法各种语言，在西方世界被视为近代建筑趋势的代表作。那时我也很想得到它，但当时的价格要20日元。我死乞白赖地要母亲从东光堂买了回来。这是我第一本西洋文字的书，带回家打开来，感到了与时局不同的文化气息，我分外激动。现在想来，那是年轻学生初次接触到西洋文字书籍的一种情结，是感受知识刺激而兴奋的瞬间。

毕业前后，与丹下健三以及池边阳等一同召开勒·柯布西耶的建筑学习会。我们曾围绕着"建筑是居住的容器"、及其功能主义、形式主义等长时间苦苦争论。记得夜半归

＊与舅父藤田嗣治（巴黎，1954年）

来，仰望星空，沉浸在"艺术长，人生短（Ars longa,vita brevis）"的感慨之中。我感觉自己从那时起，和这种形式主义的美与非人性化的建筑有些不相融，于是摸索起不同风土与传统中产生的为了人的建筑了。

正在这时，我遇见了和辻哲郎的《风土》。从那以后，这本书就成了我的座右铭。

当时，大多数的日本人居住在与多湿高温风土气候相适应的木结构、大开放的住宅里，在门厅脱掉鞋子进入住宅内部，我对此感到非常正常。以后，到世界旅游，知道了湿润的多雨地区、干燥的沙漠地区、作为"牧场"的欧洲地区等不同环境下的各种不同的建筑形态，对该书作者和辻哲郎的准确洞察力越发钦佩。这样，风土与建筑的问题逐渐成为我主要研究考察的对象了。

在这样的情况下，我进入了大学三年级。因为环境形势也越发险峻，1942年9月便匆匆毕业了。我的毕业论文是"塑性领域的框架结构研究"，指导教师是武藤清先生。我天天跑先生那里，用挠角法苦苦计算，写完了这篇论文。那时，不知道这篇论文与超高层建筑的理论有联系，但武藤先生似乎已经考虑了这些问题。我当时想去国铁，所以毕业设计的题目为"车站"。这个绘图请舅父藤田嗣治帮了一笔，结果画龙点睛般地出色展现出来。我对此惊异不已。我想东京大学建筑学专业的图书室里还保留着这一图纸。

从入伍到复员

1942年9月，我从大学草草毕业。这一年海军设置了技术士官，我作为技术士官入伍，在青岛接受训练。然后作为营建中队长准备去新几内亚。我在东京被编入营建队，担任4中队的中尉中队长。之后，两只船队出发了，但在菲律宾海峡遭受到潜水艇的鱼雷攻击，有一艘船被击沉。我们把浑身油污的船员从海中捞起，挣扎着到了哈鲁玛赫拉岛，准备从那里渡海去新几内亚。我的中队有"某组"的老大，以及浅草小熊的安君、横滨的三森宗五郎、架子工、木匠等。我刚出大学，属于不谙世事的年轻中队长。但在受到潜水艇攻击之后，遇事大家齐心协力，我感觉无啥大错地顺利指挥了下来。

这样终于抵达了新几内亚，要在岛上靠澳大利亚那侧的最前线建造飞机场。但是，还没有一架日本飞机飞来，就受到美军格鲁曼飞机的攻击，飞机场无法使用了。我们的部队接到"转移"的命令，腾出这里，进入安博岛。我任这次作战的运送指挥，我计算了月落时间及装载重量等，夜里将3000人与资材装载好，平安地完成了这一转移任务。在撤离时，我和军医二人在跑道上拿拍子打了一两次网球。好不容易建好的飞机场，我们用都没用就走了，很可惜。

我们中途到达哈鲁玛赫拉岛，我接到转任鹿儿岛的命令。但眼前美军已经登陆莫洛塔岛，海上被封锁了，已经无法由此出去了。我们受到美军的猛烈攻击，靠着战友朝日保君的机智我才九死一生。最终我乘侦察机经由安博岛的司令部飞向鹿儿岛。转来转去，于1944年到达了鹿儿岛，在这里从事飞行基地的建造。然后又回到霞浦神池航空队任营建队长，战争结束时，在木更津任芦原部队长，海军技术大尉。

这期间，在回到霞浦之前我结婚了。妻子初子是成城的同级生高桥正美的妹妹，是在轻井泽的网球场认识的。结婚后妻子在霞浦附近的鹿岛租房子住，我们由此开始了新婚生活。我经常回部队，美军的空袭激烈，妻子租住的地方经常被烧毁，住处换来换去。不久，战争终于结束了。

1945年8月，我复员回到东京，但东京已被夷为平地，四谷的家也被烧毁，幸好妻子在参宫桥的家还没被烧掉，于是我们就寄居在此。

站在被夷为平地的东京焦土上，看到其惨状，作为一个建筑师我描绘着重建东京的雄伟蓝图和梦想，感觉到内心的兴奋和震颤（但现实绝非那样浪漫）。正巧那时有东京复兴规划的研讨会，我描绘了新宿规划图，丹下健三规划了银座的复兴。我的方案入选为佳作。我独自在妻子家客厅的地板上，铺着肯特纸完成了作品。含新宿站的铁道线路是拜托大学低年级同学井上公资描绘的。他以后做了索尼公司的宣传部长，与我的索尼大厦设计工作有关联，这将在后面详述。这一入选为佳作的设计方案成为我回归建筑的契机。当时复员的技术类人员都被劝去交通部。我大学毕业先到海军，没有实力却马上成了中队长，而这次我想要凭自己的实力从底层做起。

这次研讨会之后又继续有新的业务，新日铁的八幡健康中心的工作来了，是一座小的二层钢结构建筑。现在看去完全是贫弱的感觉，但这却是战后的第一座钢结构建筑。我对钢结构还一无所知，与搞结构的小野薰先生商谈，获得了很多帮助，由此与小野熟识。他介绍当时尚无固定职业的我去北代礼一郎的现代建筑研究所，与一起做新日铁设计工作的寺田秀夫（以后成为武藏野美术大学教授）一起进入该研究所就职。与其他日本人一样，一直都在承受战争遗留的苦难。现代建筑研究所的办公室在八重洲口，记得决定了在这里就职的那一天，我与寺田二人放心地尽倾囊中所有，吃了一顿天妇罗的大碗米饭。

留学哈佛大学

我受到了现代建筑研究所的关照，但留学美国的愿望却日渐强烈。1950年我参加了全额奖学金留学考试，但当年彻底失败。第二年卷土重来，我通过了，1952年我进了哈佛大学研究生院。我是战后第一个从日本去哈佛大学建筑学院留学的。只是这时我已有两个孩子了，美国的出资只给学费。因为在日本没有收入，所以请求新建筑社雇用了我妻子，我留学中的补贴也是想方设法才得到的，很困难。

临行前的1951年，我从住宅金融公库借了十几万日元，在现在的涩谷区西原50坪(1坪= 3.3m²)的土地上盖了个小平房。这个家以后反复地增筑改建，一直住到现在。以前孩子的房间已改造成书房，此外还有以"小书斋"而出名的屋顶内书房。这一屋顶之上还有妻子喜爱的蔬菜种植园。10坪左右的庭院里，种植的杂木繁茂生长，后来还设置了连接着蒸气桑拿浴室的露天浴池。现在，参加市中心聚会，乘地铁到代代木上原站直接到达。我自己的工作室在涩谷，开车也就20分钟。从工作与居住相近的意义上来说，这个住宅很合我意。

在这样的情况下，1952年我悲怆地下决心从羽田乘飞机出发了，幸运地作为二战后最初的全额奖学金留学生进入了哈佛大学研究生院留学。当时正值朝鲜战争最激烈的时候，在日本人们还饿着肚子四处奔波的艰辛时期去留学，在异国的所见所闻令我惊异不已。

那时哈佛大学还不认可女子入学，我所入住的学生宿舍有专门干杂务的阿婆来我房间换枕套、倒烟缸。学生不必做多余的杂务，只接受完美的"良好的美国"绅士教育即可。学生们全都系着领带，开着车，治安良好，照相机忘在哪里也没有人拿，感恩节的日子总有人来款待我。学生食堂从早到晚牛奶随便喝，火腿、鸡蛋任意吃，这种情况令我感到有些

对不起在日本的人们。

可是当要进入该院研究生院的硕士课程时，因为是二战后头一次，所以围绕着日本大学的工学系毕业（科学学士）、建筑学专业毕业（建筑学学士）的资格认定很不顺利。工学系毕业不可直接进入硕士课程。我用拙劣的英语与博古那教授激烈地辩解说我是建筑学专业毕业（建筑学学士），经过顽强奋斗，总算挤入了硕士课程。在我之后的留学生没听说有如此费波折的，我是抛家舍业来留学的，要拼死奋斗。

硕士课程的毕业课题有四项。研究生院正巧是瓦尔特·格罗皮乌斯辞职，舍特尚未上任之时，四位客座教授出了四个题目。各个指导教授对学生提出的设计进行讲评。先由学生进行设计说明，然后学生接受许多教师的提问，对此必须进行很好的说明和回答才可得到认可通过。我的商场购物中心（I·M·贝指导）、社区中心（K·夫斯卡指导）等四项课题总算顺利完成，穿上梦寐以求的哈佛毕业袍毕业了。

在此所学的知识多种多样。在留学最初，我向教授展示了模仿欧洲建筑的绘图，教授说："你是来自东方国家的青年，不是欧洲的留学生。Be original, be creative！" 这是在说：要独自创作。单单模仿就会丧失价值。我在日本的大学教育从未听说过这样的话，所以震撼极为强烈。我在此反复受到的教导是：建筑师必须以自己的力量，自己的创意来构造建筑。

布劳耶建筑事务所与欧洲体验

1953年我从哈佛大学研究生院毕业了，取得了硕士学位。那就是说有一年时间可以在美国工作。我曾对马塞尔·布劳耶的空间结构极感兴趣，就向他发信说想在他的建筑事务所工作。布劳耶回信说："来见我。"于是我拿着初次购买的那本洋文书的作者阿尔弗莱德·罗斯的推荐信来到了纽约。

从此，我从师布劳耶了。布劳耶1902年生于匈牙利，在包豪斯设计学院毕业后，因创作钢管椅子等家具而闻名（近年他在日本也逐渐被认知）。1937～1946年他在哈佛大学格罗皮乌斯之下任副教授，与奈尔维一同设计了巴黎的联合国教科文组织大厦以及数座住宅建筑，是取代功能主义者、引领出现代主义的著名建筑师。

我在纽约的布劳耶建筑事务所工作不到一年，布劳耶无论怎样忙，也要将设计图仔细过目，每天上午都在建筑事务所的制图台前巡来转去，令我印象深刻。这样，布劳耶的所有作品都倾尽了建筑事务所的全力，由布劳耶从头至尾细致检查而完成。由此，布劳耶自身的地位和权威得以确立。建筑事务所有30多人，除了以后成为布劳耶合作人的那些人之外，大卫·库勒恩成了波士顿城市规划的局长，菲利普·西尔去了华盛顿大学，等等。真是精英集聚，绘图出类拔萃。但与布劳耶温文尔雅的长者风貌相比，总觉得他们有冷峻犀利的一面，当时我略有畏惧之感，直到多年以后，才敢和他们开玩笑。布劳耶以后也来过日本，他在1981年去世。在我留美期间，他可以说是我真正的恩师。

* 布劳耶来到日本(1961年)
左起吉村顺三、马塞尔·布劳耶、作者

在纽约，我住在布鲁克林·海德的公寓，每周五去布劳耶建筑事务所上班。每周一到周五都步行在第五大道，每天途中都在卖报纸的那位阿叔那里买一份《纽约时报》，然后去布劳耶建筑事务所。我所在的公寓可以远远眺望曼哈顿的摩天楼。工作归来，从窗户俯瞰纽约夜景，感到一种无可名状的感动。落日的暮色中，建筑物的外墙被蒙上夜幕而消失，只有明亮的窗户在夜空中发光，产生出视线穿透房间内部的透过性，暗示着其中居住者的生活。那里的房间与我的房间远远相隔，通过灯光在黑暗中交换着信息，产生出连带感，形成了这样的心境。以后，我真正考察研究的是格式塔现象。"图"与"地"的昼夜反转是很好的例证。那时我34岁，在纽约这样的大城市，眺望着摩天大楼的夜景，那种生活可以说是我迟到的青春时代的最后一幕。

在这前后，我在哈佛的时候，"培养领袖项目"的中曾根康弘、社会党的藤卷、NHK的藤濑五郎等从日本来到这里。我与他们打网球、吃盒饭，常讨论问题到深夜，相互有交

* 曼哈顿夜景

往。因这种因缘关系，我回国后，设计了中曾根康弘宅邸，采用了布劳耶风格的分层水平跃层。

我在布劳耶建筑事务所工作了近一年，最后无论如何也想去欧洲看看建筑，就应募了洛克菲洛财团的奖学金。因面试时回答"搞建筑必须考察实物"而幸运地通过了考试。我用这一奖学金游历了法国、瑞士、意大利。

我舅父藤田嗣治是画家，住在巴黎。我在蒙帕纳斯他的家中住了两个多月。20世纪50年代前期，在巴黎正是实证主义的全盛时期，这附近有撒路特鲁、博威瓦鲁等"实证主义者"们聚集的著名的奥·多·玛果咖啡馆，以及卡菲·德·弗洛鲁咖啡馆等。我每天走出舅父家，漫步在19世纪由奥斯曼建造的这一美丽的街道上，道路两侧排列着从屋檐线到窗户形态都整然协调的石结构建筑，街道的各个要处都有著名的历史建筑。我在巴黎街区中忘我漫游，因此我对巴黎的地形至今仍很熟悉。

在巴黎时，也有机会去看了勒·柯布西耶的工作室。

勒·柯布西耶已经不在了，但看到他的桌上有他自己制作的许多建筑原型的绘图，感觉尚不知何种建筑类型，却能画出这样的各种形态，很是诧异。在巴黎还看了国际大学城（Gare de Cité universitaire）的瑞士学生会馆。在这次旅行最后一站的马赛，初次面对著名的马赛公寓，此刻所见所感与惊异令我永世难忘。远望着公寓出色的外观姿态、混凝土浇灌的材质感、窗户周围的深凹及其色彩，等等。与此相对照，由建筑整体向内部分割形成的细长卧室单元，其细部有说不出的粗糙，想象不出人在此可以舒适地生活下去。

勒·柯布西耶1887年生于瑞士，自学建筑。他在欧洲游历，观察建筑样式。据说他最为感动的是见到雅典帕提农神庙。除了这个马赛公寓之外，印度的旁遮普邦昌迪加尔的议会大厦、朗香教堂、苏黎世国际博览会的展览馆等也都是他的代表作。他也作为提倡"太阳、空间、绿色"口号的城市规划师而闻名于世。其优秀的建筑理论及整体思维的美学，几乎影响了世界上所有建筑师，但他在法国本国却没有受到应有的公正待遇。正如我的评价所记述，他能创造出这样的建筑、有这样的建筑思想，正是因为有这种建筑问题的风土要求，在这种背景下，诞生了这样的建筑师。勒·柯布西耶1965年逝世。

我此后去了意大利，访问了托斯卡纳地区的中世纪城市西埃纳，看了坎布广场，以及在圣吉米尼亚诺的水井广场、主教堂广场等。精美的石块密集地铺装着，没有土、树木和草，以石块建造物围拢着具有收敛性的比阿茨广场空间。不知道这广场是"家"的外部，还是"家内"客厅的延伸。宛如"一座大建筑物般的城市"，或是称为"有外部秩序的街区"的表现，这才符合这一城市空间。的确，正像我在接触着异文化，我伫立在此，初次接触与日本木结构建筑完全不同的空间，感到了难以言喻的内心萌动。意大利至今也是我最喜欢的国家之一，我感觉那时的经历，至今都影响着我作为建筑师的主要思想。我最后由马赛乘上日本邮船公司的货轮，经过40天回到日本。同在船上的还有留学结束的猪木正道、久保正幡、中谷敬寿等。

回国、开设建筑设计研究所

1954年秋我回到日本。一天，我走在东京车站附近的丸大厦，碰上了中央公论社的专务栗本和夫。我的兄长芦原英了之前曾做过《妇女公论》的总编辑，因此认识栗本。他问我现在干什么，我说我刚从美国学完建筑回国，他说中央公论社70周年纪念，要建总部大厦，施工是清水建设，让我画个设计规划方案拿给他们探讨一下。于是，我叫了寺田秀夫、织本匠等伙伴彻夜画图送去。这图"不错嘛"，就被采用了。1956年11月这座大厦竣工，竣工5年后被颁发了日本建筑学会奖（1960年）。

1956年10月1日，我创办了芦原义信建筑设计研究所，6个人开始了创业。那时请求中央公论社在这个竣工大厦的7层借给了我们一个狭窄细长的卧室般房间，我们六人蜗居在此，

结构事务所也加入，共十二三人。因此，栗本和夫成了我们的恩人。中央公论社又介绍岩波书店给我们，以后岩波书店的大厦、单身宿舍、总店、神保町大厦、附属建筑、新楼，全部委托我们设计。

大学时的学长内藤亮一任横滨市建筑局长。中央公论社大厦之后，通过他的提携引领，我们做了横滨市民医院的设计。正巧村野藤吾进行横滨市政厅的设计，好像地基难度大，工程很困难。我是第一次设计医院建筑，各个方面也很辛苦，但总算平安竣工。这个项目获得了建筑业协会奖。内藤也很高兴，以后又介绍了山形县立医院项目，都是钢筋混凝土建筑。这样由顾客介绍的形式渐渐扩大了事务所的工作。

这个时期，日本度过了二战后的困境，开始发生转变，建筑表现也提倡绳文式、粗犷主义等。钢筋混凝土作为建筑自身结构体和外装材料，有着强烈的自我主义。这在当时是很有魅力的建筑表现法，也是持久性强的材料。但是30年之

＊岩波书店旧营业部

后，却意外地发现这种钢筋混凝土建筑缺乏耐久性，经常出现缺边少角、表面老化的现象。迅速的城市工业化以及交通工具机械化，使空气与水的成分发生变化，出现酸性雨，建筑物微小的龟裂所渗入的水分会使内部钢筋腐蚀，膨胀的钢筋进而会破坏混凝土，这样的事例现在经常出现。环顾竣工时是那么漂亮的钢筋混凝土外层，被风化得污损脱落，与功能性的美感相距甚远。

此后流行金属及玻璃幕墙，机械美、轻量化、工程合理化等是其长处。这是与钢筋混凝土不同的表面材料，所以，污损或腐蚀后，想换新也很简单。近年来，围绕外立面材料变革等，以及建筑理念的相左，后现代主义后至今的50年间，实际上有过各种建筑讨论。

执笔学位论文及其出版

1960年我从洛克菲勒财团获得奖学金，10月再次赴美国纽约留学，这次与妻子一起来到美国。在这半年间，住在洛克菲勒中心附近的时代生活大厦42层的房间里，开始了学习。1952年在哈佛大学研究生院留学时，对建筑内部的空间结构、空间秩序问题产生了兴趣。我想考察建筑与城市中的"内在秩序"与"外在秩序"，对建筑与城市之间插入"街道"这样的中间项，以各个建筑物组成的群体扩展到街区的状况进行研究。

关照我的财团中的格尔巴里克正好对这样的问题也感兴趣，不断给我介绍人，还带来大量资料给我。另外，哥伦比亚大学建筑学部部长格尔巴鲁也好意安排我去工作。哥伦比亚大学的建筑与城市规划方面有丰富的藏书，可以自由阅读。在如此优厚的环境下，我摆脱了身边杂事，每天从早到晚读书，完成了"EXTERIOR SPACE IN ARCHITECTURE—from the building to the city"。这一论文次年3月作为东京大学学位论文提出。实际上，再次留学那一年的春天，东京举行了世界设计会议，我发表了有关"外在秩序、内在秩序"的看法意见，当时其论据不足，没有看到突出的反应。这一论文1961年使我获得了东京大学的学位。次年，作为《外部空间的构成——从建筑到城市》一书由彰国社出版了。

这一时期，我正设计岩波书店的建筑。我向岩波书店的小林勇会长提出出版这一论文的请求，他回答说："我们是书店，你是建筑师，建筑设计的事情托付你。但书店只出版那些正经八百人物的书才好卖。"我吃惊地说："我们从中学起就是读着岩波文库本的书成长起来的，但那里面没有一本关于城市或建筑美学的书。东京之所以成为这个样子，你们负有责任。"小林反驳说："你说什么呢？我们对东京负有责任？"我们那时曾有过这样的对话。大约一年后，小林会长派人来找我，说："正如您所说。我们出版您的书，请给我们原稿吧。"我已经委托彰国社了，所以那时我回答说"现在没有。"以后我到东京大学教书，在要退休的年龄，总结了自己所考虑的问题，开始要写作时，再次与岩波书店商量，以前的事情他们还仍然记得，这就促成了《街道的美

＊驹泽公园体育馆(左)与管制塔（右）

学》的出版。小林是个很有特点的人物，现在我也常想起他独特的个性风貌。

东京奥林匹克驹泽公园体育馆、管制塔与银座索尼大厦

1961年4月，留学归来，东京奥林匹克驹泽公园体育馆、管制塔的设计已经要开始了。那时，可以参加建造奥林匹克舞台令我激动。驹泽公园体育馆作为比赛会场以及排球会场使用，众所周知那里几次飘升国旗。以管制塔为中心的驹泽公园整体成为东京的新公园，亲近市民，这也实现了我历来的主张，欣喜无比。此后，分担了一系列的奥林匹克设施设计。得于岸田日出刀先生下的力荐，我的这一项目获得了日本建筑学会的特别奖（1965年度）。

受委托设计驹泽公园体育馆、管制塔，我们拼命努力，近20名研究所员工，工作在中央公论社大厦的事务所感觉有些狭窄，便租借了神谷町的公寓作临时分部。这一年的12月，

* 东京银座 索尼大厦

原宿世纪公寓的地下室空着，我们便全部租了下来，迁移到此。这里虽宽敞，但却昼夜不分，外面晴云雨雪一概不知。室内墙壁涂成蓝色，做了各种装饰，但不见天日，总觉得郁闷，有着不爽的感觉。

在这地下室里做的工作中难以忘却的是竞标京都国际会馆的设计，这一方案自身取得了比赛的次位，但事务所的成员在各个方面却是竭尽全力的，从这一意义上说是难以忘却的。当时大家苦思冥想创出的城市回廊体系一直留在我们研究所成员的脑海里，直到1994年，才将其实现在远在九州竣工的"山海别墅区"，这也是第一个适用度假法的项目。在原宿的事务所四年后于1965年12月迁到了现在住友生命的涩谷大厦。

战后东京的复兴计划竞标时，帮我绘制新宿车站路线图的井上公资作为索尼的宣传部长出人意料地出现在研究所，他来商谈银座索尼大厦的规划设计，那是在1963年。之后，1966年4月索尼大厦出现在银座。时光飞快，已经过了30多

＊蒙特利尔世界博览会 日本馆

年，当时的银座与现在相比，有隔世之感，那时的银座以新桥到京桥的所谓银座大道作为中心。这个索尼大厦在数寄屋桥的一侧建成后，被说成是让横向的银座变为了纵向。索尼大厦前的交叉口，急匆匆过马路时看到的银座与漫步在道路时的景观不同，因此而更加喜悦心动的恐怕不止我一个人。

回顾建造当时，井深大、盛田昭夫也都年轻，很热心地进行规划指导，对我说：这是地价高昂的场所，卖什么都不赔，把全大厦都做成展厅如何？于是，在那楼里实现了世界从无先例的90cm断差的花瓣形连续阶梯结构。另外，这里地价昂贵，三角形的角地作为屋外广场的高明决断也是在受到这两巨头的积极赞成后才得以实现。我想也只有经常积蓄着开拓精神的索尼才能够实现这样的创意构思。

虽然在设计过程中曾经有过各种议论，但1992年与过去同样，完全刷新的新装修索尼大厦仍旧矗立展现。夜间，从各个格子间洒露出红、黄、蓝墙面的色彩，显示着内部的结构，同时使得数寄屋桥一带的夜景独具特色。索尼大厦对于我来说，从各种意义上都是值得深深回味的工作。

东京奥林匹克运动会的设计与蒙特利尔世界博览会的日本馆设计有着关联，那还是在大阪世界博览会之前，当时的日本还不知世界博览会为何物。我以前就曾考虑在外国尝试做一下事情，但在一无所知的土地上耕耘很是辛劳。蒙特利尔世界博览会日本馆是以PC（钢筋混凝土）的井字形桁架结构搭建的古典仓库建筑物，在加拿大没有组装工程的承包者，最后由大成建设公司中标，在日本建造预制件运到当地组建。在当地进行组建要加强张力的时候，当地承接工作的一方说日本的产品有危险而不接受工作。于是，从日本招来十五六个年轻的架子工，这次加拿大工会又要求支付同样人数工匠的工资，他们在工地上却只是晒太阳。日本来的架子工穿着专业工作鞋，飞速攀登，精准搭建，个个如同大力神阿修罗一般。最后撤除脚手架时，张力加强，非常完美，对方的架子工对日本人操作的精准神速大为吃惊。世界博览会日本馆的预算不够，由三菱电机捐赠了滚梯，那个滚梯的下部写着"MITSUBISHI"；通产省对此备感担忧，屋外庭院一直停着汽车，被日本的商界、新闻媒体狠狠地敲打了一顿。但建筑物自身并不坏，获得了1967年度的文部大臣艺术选奖。

关于大学的建筑教育

话说在布劳耶建筑事务所工作的时候，法政大学的大江宏、高濑隼彦访问美国，我对他们略有关照。1955年我留美结束回到日本，大江宏邀请我去法政大学担任教职，于是我就成了讲师。由此开始了大学教育工作。1959年成为教授，在法政大学工作了10年。在1964年，武藏野美术大学造型系工业设计科新设立了建筑设计专业，问我是否愿意去担任主任。在欧美多是设计科里设建筑专业，我所留学的哈佛大学的建筑学科自格罗皮乌斯以来也是在设计系中的，耶鲁大学建筑学科及城市规划学科则置于美术系中。

这时，我以哈佛大学为例，询问对方如果担任系主任，可否将这一学科的教师全部替换？武藏野美术大学说随便你安排。我对大学的系列之类一直完全无视，便按自己想法把早稻田大学的竹山实、日本大学的寺田秀夫等找来，组成了学科的课程及教员队伍。

正巧那时的日本已在急速寻求城市建筑功能的多样性，必须将城市生活的复合性作为外部空间来加以表现。并且，其多样统一也是燃眉之急的课题，包括城市中恢复人性化的方法也必须考虑，我感到已经到了这一时期。

对各位学生来说，我想强调：建筑师职业是超越技术、与社会密切相关的工作，在熟知社会结构的基础上，建造一个建筑时，必须与技术人员共同协调；然后是对建筑师的理解和支持，这直接就体现在建筑或城市产生的正面和负面的影响；建筑设计图核查时，设计出色也只能作为"图画"，即，建筑是追求使设计图表现力成为现实的存在。

因此希望学生们知道，建筑与社会体系紧密相接，建筑师

＊在东京大学的最后讲座（1979年2月）

不能背离社会，对社会要时刻抱有责任感，必须熟知社会体系的制约因素。这是我作为建筑师的信念，我作为建筑师要考虑的"道德修养"依据。

武藏野美术大学的校舍设计也委托给我，1964年由办公楼开始，鹰台礼堂、美术资料图书馆、主楼，到1972年的体育馆，这是在较长时间段规划建造的大学校园。我在武藏野美术大学工作的时间与在东京大学的时间重叠，为16年。

这期间，吉武泰水先生对我说：东京大学工学系建筑学科要新设建筑规划与设计的研修室，你来吧。1970年6月我作为第一任教授来到了这里。我感到以往的东京大学建筑学科总的来说是理论优先，"动手"（画图、设计）的比重小。以前，我作为非正式讲师教学，现在转为真正"动手"了。东大的退休年龄是60岁，从那时算起，我在此9年。到东大就任那年，获得了海外的"NSID Golden Triangle"奖（美国）和"Comandatere"勋章（意大利）。

就任当初，大学纷争的余波未了，与升学而来的年轻学生

们多次激烈争论，现在觉得不可想象。我就任以后觉得吃惊的是东大学生不想去海外，我认为这与轻视"动手"有关。那时，带着绘图走向海外的多是早稻田大学的学生，这表现了校风或反叛精神。东大毕业就职于大企业，或去政府，都是有大树乘凉的，不会有万一的失败。那时进东大学设计都是相当变态的吧。

是时代趋势吧，我去了之后，推动"动手"的建筑规划设计繁盛起来，精英云集。我指导学生"动手"的同时，劝导他们去海外留学，或出了大学在社会上经历三四年锻炼后，最好再回到大学研究生院。我在退休讲座上对学生们说："劝你们扩大国际视野参与活动，这十年是东大设计的黄金时代。你们中一定会出现世界级的人才，并且，相信这个人就是自己，这样的人才会胜。"此时，看到学生们作为学者、作为建筑师，活跃在建筑界第一线，实在是无限感慨。这不足十年的经历，我感到是人生中宝贵的财富。

此后，作为教授回到武藏野美术大学。此外还在筑波大学、东京理科大学、北海道工业大学等教过课；也在海外大学作为客座教授讲过课，如新南威士大学（1966年）、夏威夷大学（1969年）、天津大学（1981年）等。

回顾教师的经历，回顾自己的过去，学生时代老师所教的事物触动年轻的心灵，话语也非常强烈地铭刻在心。教师稍微地语言刺激，便会被年轻人接受并触动其心扉，成为起爆剂，经常会带来飞跃的进步。特别是对年轻学生们的"夸奖表扬，也会让其为此而努力并胜出"。这话一定要说：过于老成，接受信息的敏感度会降低。

与海外的交流

1962年，彰国社出版我的学位论文《外部空间的构成——从建筑到城市》时，一部分翻译为英文，将译文附在书里送给美国的奈赞·古莱泽和G·E·卡得·史密斯。那时被劝说出版英文版。几年后将此落实的时候，就趁机将以后的研究也收入进去，做了全面改写，作为《Exterior Design in Architecture (Van Nostrand Reinhold,New York.1970）》出版了。英文由星野郁美负责；中间插入的出色照片是二川幸夫承担的；图解说明我是战战兢兢请求OOBA比吕志做的，他却爽快地答应了。在OOBA比吕志描绘的图解说明中，登场的大头人物大眼张开，使得本书内容的表达水平陡然提高，达到了目的。1975年彰国社将这本《外部空间设计》以日语再度增补发行。

1970年开始在东大教书，到海外的机会大增。其内容为：海外城市、建筑考察、大学讲课、学会、参加研讨会、竞标的审查等各式各样。所到访的地方也东西南北，遍布世界。

印象特别深刻的事在此列举一件，那就是参加提洛会议。这个会议在希腊，由道萨迪亚斯主办，来自世界各地的学者们参加，围绕环境问题从各自的立场提出意见进行讨论。我作为日本的建筑师发了言。讨论内容以这些优秀学者们自己的专业作为背景，大家的发言视野广阔，很激发智慧。

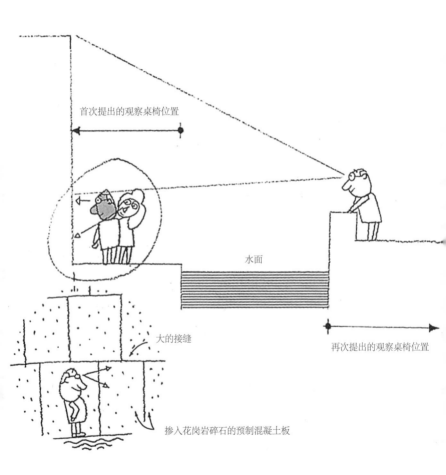

首次提出的观察桌椅位置

水面

大的接缝

再次提出的观察桌椅位置

掺入花岗岩碎石的预制混凝土板

这次会议是在由雅典向爱琴海航行数日的船上举行的。上午在船上开会，下午游泳，夜里宴会，睡觉时船向另外的海岛行驶，然后在那里再开会，最后一天在提洛岛登陆，发表《提洛宣言》。

实际上，在受到邀请参加会议之前，我孤陋寡闻，并不知道参会者都是"人性派"的各位，阿诺德·汤因比、马歇尔·麦克卢、爱德华·赫尔、劳伦斯·哈鲁普林、哈里森·布朗、路奈·德布斯、玛格丽特·米德等。

很多人带家属参会，我也带儿子参加，数日同吃同住，相互关系融洽紧密，家庭间的交往增加，实在很有益。1971、1972年我两次参加了这个会议。

《街道的美学》与大型项目的设置

1979年2月21日，我在东京大学最后的讲座《街道的美学》，由岩波书店出版了。出版经过如前所述，这本书的内

* 作提洛宣言的作者

容涉及建筑及其外部空间的街区，进而论及了城市的规模。还涉及了巴黎、地中海沿岸的各个城市、波斯、勒·柯布西耶的系列项目、卢西奥·考斯塔与奥斯卡·尼迈耶的巴西等城市的空间造型、建筑与环境的空间论等。也导入了建筑物邻栋间隔（D）与高（H）的比例，以及麦加人的视觉法则等理论并展开论述。这是包括我的学位论文在内，之后多年的外部空间论在城市改造中应用的提案之集大成。

执笔的暗定目标是要把书写成从我青春时代起就成为座右铭的辻哲郎的《风土》的建筑版。这本书获得了当年的每日出版文化奖与马可波罗奖。数年来，该书的第1章"内部与外部"被高中的国语教科书转载，建筑师的文章进入年轻高中生的眼帘，只要一想就觉得高兴。该书在法兰克福的图书展上，有两三家出版方请求翻译，由 MIT 作为《The Aesthetic Townscape》翻译出版。MIT 以及哈佛大学的教授朋友们，凯文·林奇、奈赞·古莱泽等说："部分内容只是针对日本人的，应修正一下"、"海德格尔如何如何，博尔诺如何

* 《街道的美学》第1版（1979年2月）

如何"等。我对照原著翻译修正，工作非常艰苦。但是也正因为如此，今天才能轻轻松松地出版。现在，中文、意大利文、西班牙文的译本也相继出版了。

在东京大学任职期间，根据国家公务员法，以我自己作为法人参与民办设计事务所是不可以的。所以，就请从中央公论社大厦那时起就一直一起工作的守屋秀夫做所长，守屋把事务所的一切都做得井井有条，我往返大学时顺道去事务所。当时，正有两个大的设计项目，就是国立历史民俗博物馆与第一劝业银行总部，我对此得专心致志。

国立历史民俗博物馆是1972年12月由文化厅委托的设计项目，由佐仓的地点调查开始，1978年开工，1980年12月建筑工程完工，1983年对外开放，实际上是十余年的长期项目。这项工作获得日本艺术院奖（1984年）。第一劝业银行总部的设计是在次年的1973年7月受委托的，1977年2月开工，1981年2月竣工，是历经七年有余的大规模项目。当时，研究所职员针对银行业务去听课学习，并参观实际业务等，完全

＊国立历史民俗博物馆

是新领域的开始。研究所职员清楚这是从未经历过的空前绝后的大型项目，同心协力进行工作。

1973年第一劝业银行总部的设计项目开始之时，世界陷入石油危机的混乱之中，建筑业也因材料涨价、工程费高涨而受到巨大影响。我的建筑设计研究所因为接受这两个大型项目而减少了工程数量，但总算克服了困难。我在东京大学退休后，重新做了所长，那一年代替我的守屋转去千叶大学做教授，离开了研究所，他作为建筑师、实干家，实在是很优秀的人才，我感激他的同时也很遗憾。

长期从事建筑设计研究所工作，我认为对建筑工作来说，最重要的是获得客户的信任。所谓建筑是由各种工作组成的，只会画图是不行的，需要综合实力。说建筑是综合艺术也可以。在施工过程中，也必须确保与技术人员的共同空间，与艺术家、与技术人员在造型方面也好，在精神上也好，必须能确立起互相理解的前提。建筑中，在结构、设备以及法律等通常的知识之外，近年来，还要求有城市规划的

广泛见识。现在，建筑工作多样化，希望进入这一领域的年轻人要踏踏实实地首先掌握技术，学习知识。

这两个大型项目于1981年完成，建筑设计研究所创立以来已经历了20年。由6人开始的研究所发展成30多人，10月在东京会馆举办了创立25周年的纪念宴会。

东京城市规划的再审视

1983年7月《街道的美学·续》由出版前著《街道的美学》的岩波书店出版了。该书的核心是考察形态心理学，以及埃德加·鲁宾《杯之图》的"图"与"地"在建筑空间的设想和进一步在自然景观领域的应用。在此论及的"图"与"地"的反转，是早在1954年我初次伫立在意大利广场上时，蓦然感觉到的，渊源久远（当然与内部空间、外部空间也相关）。那以后以日本内外多次旅行的所见所闻为基础，关注起"图"的实际存在性，以及在欧美人眼中反映出的这种反转的新鲜看法。我在中国天津大学做了同样内容的讲座，这里好像可以用阴阳学说的方法顺畅通过，获得了某些方面的共鸣。

在《街道的美学》中，对外部与内部空间划分境界线存在障碍有所考察、评论，而本书对欧美石砌结构建筑的"墙壁"以及"天井"文化作了对比，论及了日本木结构建筑的"地板"文化。街区论中，不仅论及建筑物邻栋间隔（D）与高（H）的比例，也考察了街道宽度（D）与店铺正面宽度（W）的比例等。进一步还扩展到水边、绿地的问题。

两书出版后，准确地说是在《街道的美学》出版后，新闻杂志出现了"建造柔润城市"、"文化美的城市"、"有绿色及环境舒适的生活"这样的词语，我也不断收到地方自治体的省长、市长各种商谈、讲演的邀请。以此为线索，出现了横滨市城市美政策审议会、东京都城市美讨论会等，在日本涌现了许多城市美观的讨论会，我任多个委员或会长，对现代城市的具体状态有所见闻，对街区、景观的存在方法有了各种发言机会。其背景是城市规划的实际承担者以及居民活动家们对于这些方面的问题意识提高了。我也重新感到了该书出版的影响力。该书获得了国际交通学会奖和狮王勋章（芬兰）。两书以后都被岩波书店"当代图书馆"丛书收入，至今多次再版，十分荣幸。

1990年池袋西口的丰岛师范学校遗址竣工，我们设计了都立艺术文化会馆的东京艺术剧场。池袋是连接沿线各大卫星城的主要车站，是繁忙杂乱的场所，是具有强大商业活力的东京都副中心地区。因此在站前空间加入活跃的文化气息，设置了大、中、小三个会堂，配有植入了米德莫（Clement Meadmore）的现代曲线雕刻、喷泉、树木、广场等音乐、舞台的综合设施，以创造成文化区。听说曾经有流浪者徘徊的该区域，现在聚集有许多年轻人，成为聚会的地点之一。这个设计项目获得了1990年度的日本建筑学会大奖。

这一项目也与新宿的淀桥净水厂、汐留的国铁货站遗址一样成为东京都中心再开发的规划之一。再开发规划是我的强

*意大利地图的黑白反转（引自 C·诺利《罗马的地图》）

项，但实际上往往需要很长的迂回曲折才能实现。初台的工业试验场遗址上建造的歌剧城，包括丹下健三设计的被称为二战后最高建筑的著名的原东京都政府大楼，拆除后在其旧址上建造的国际会议厅，这些都是因为有在空地遗址上总要建造建筑物的"常识"。

但是，一定要仔细考虑城市的整体形象、未来形象，进行城市规划。假若城市中心出现空地，就要创造出与城市的自我表现同一性的公共空间来让公众周知，发掘出新的创意，或者为此举办设计竞赛，这样才符合时代的要求。

看一下法国对待将来，巴黎的莱·阿鲁市场旧址上产业科学馆、音乐城的建设、巴斯特由的操作场遗址上建造新的歌剧场等一系列再开发规划都进行了设计比赛，据说法国前总统密特朗也深入参与，他的名字也铭刻在此。

现在，提到设计竞赛，回想日本经济高速发展时期，在国内举办了奥运会、世博会等国际活动，大型建筑接二连三，这一时期以大项目为中心的设计竞赛很多。东京都政府大

＊埃德加·鲁宾的"杯图"（引自麦茨卡《视觉法则》）

楼、第二国立剧场的部分设计等，聚集世界智慧的设计竞赛的意义明确，这时的建筑界非常活跃。我们的建筑设计研究所竭尽全力竞标，热烈讨论、画图、造模型，总结设计方案参赛，那种火热精神令人难忘。

近年来随着年龄增高，我感到轮到我进行评审的机会明显地多了起来。从评审方面我可以直率地说：竞标作品中不随波逐流，坚持自己信念的作品很少。我想对竞标者说：要清楚你所提交的设计方案、绘图以及模型只是建筑手段，并不是作品。最近的设计竞赛只是通常的手续而已，明显地弊大于利。这里我所说的，不仅对竞标者，对委托方也同样。

委托方与设计者应尽早交流，让建筑师充分了解委托方的意向并做好准备。设计委托是特别事项，还是要正规慎重。从这样的观点来看，设计竞赛中委托方加进行政审查我认为也是一种方案。

这些问题的根本在于城市中的土地问题。我7岁时遭遇的关东大地震，复员后见到的二战后满目疮痍的东京，都是以

＊东京艺术剧场

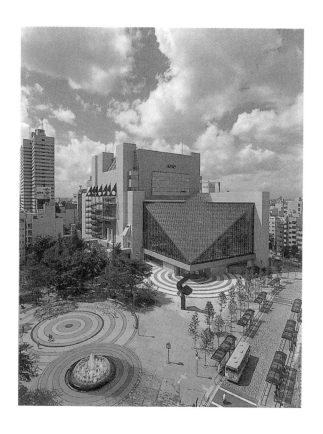

世界未曾有过的速度复兴起来的。东京城市规划所伴随的问题，明显地引发了二战后特别活跃的气氛。重新建起的东京街区，杂乱情况如同所见。这背后有日本的地权者，地主对持有土地的执着意识，是世界罕见而独特的。城市中的土地所有权复杂地缠绕着，所引发的问题可以追溯到明治的东京城市规划，对其中地主隐蔽而猛烈的抵抗、不合作情况来进行考察。这样的状况只是由整体的城市规划进行改变近乎不可能，所以使其部分的改变升华，除了对其设法给予新的秩序加以改造之外别无他法。

摸索新的秩序

我在《街道的美学》与《街道的美学·续》中，以巴黎等欧洲各城市形成美丽景色的街道建筑线、房檐高度、窗户周围设计等的协调性，以及欧美建筑外部的正面性形态、左右对称、整体性、长久的纪念性，并由这些综合而成的整然的城市景观为样本进行了论述。

但是东京不具有这样的整体形象，而是部分的重合，宛如变形虫一般增殖。面对东京的这种活力，我那时开始想：是否要以不同的尺度衡量某个时期的东京。

二战后东京的复兴、经济高速成长期，完全依靠土地所有者的意愿反复拆除与重建，对此畅通无阻地一路走来，东京近年来出乎意外地迅速按照所要求的发展成为高度信息化的功能城市。总而言之，顺应了光纤维INS（高度信息通讯体系）的干线敷设要求。恐怕欧洲现有的各个城市都很难这样对应信息文化时代，除非在特定的区域建造新的城市。这样，在现代城市中功能变化，随之也可看到居民的意识也迅速发生着变化。

对于这些问题，在池袋的东京艺术剧场竣工前后，我出版了两部著作，《隐藏的秩序》、《东京的美学》，其中对这样的问题进行了考察研究。现在重新修正一下，两部著作都是围绕20世纪70年代以后的建筑，感到缺少个性，脱离中心的一元化思维所带来的后现代主义的各种言论动向色彩浓厚。这两部著作出版前后，有《屋顶内部的小书斋》（丸善1984年）、《探索秩序》（丸善1995年）出版。《屋顶内部的小书斋》是关于住居、庭院、建筑一般知识、城市、海外游记等，将较长时间内写的短文集中出版。《探索秩序》是以近年来有关城市与建筑的短文及提案为主编成的小册子。

《隐藏的秩序》是1986年中央公论社发行的，另一册《东京的美学》是1994年岩波新书发行的。接连两本都是首先对东京的景观现状——电灯柱、电线、铁网、室外广告、商业地区的极为彩色的霓虹灯、边缘广告、摆设广告、垂幕，从公共建筑物到植物园周围环绕的围墙等等，最后到凉台的洗涤物、被褥——全都收纳进入，在这繁杂与混乱之中对无秩序的、似变形虫般城市的可能性，可以说是站在世界的视野，进行的正确观察与修正。这本《隐藏的秩序》不久出版了英译本，对欧美人了解看似无限经济发展延续的"东京奇迹"起到一些作用。

* 在东京自宅与曼德尔布劳德（1986年）

东京1962年人口达到1000万，近年来每年在1190万左右反复微增减，总之住着1000万以上的市民。个人的部分思想会波及全体，日本城市貌似无序，在其变化之中，多年来我感到并指出有"隐藏的秩序"的存在，可以解读战后日本的复兴，高速发展及其破绽。在写此书时，我引用了很多风靡一时的朦胧暧昧理论，以及吉成真由美的"乱系数产生的美结构"，还有贝诺瓦·曼德普鲁德《分形几何学》等，有"包含乱系数的柔和秩序结构"的想法。从结果看这两部著作，西欧建筑以及建筑思想作为我研究考察已久的对象和立足点，也在我自己心中重新修正。

何谓"城市"，就是人们集聚而成为经济活动的地方。同时，对于居民的居住性及文化性也更有必要在城市规划中考虑，我想在此强调说明。

在日本，建筑师毫不严谨地指责现代主义，毫不在意地践踏后现代主义，这在欧美是不可能出现的。现在，解构主义的论客建筑师彼得·艾森曼将从最初就到处滥造的摇摇欲堕的建筑物在江户川一带建造起来;法国建筑师斯塔克也将屋顶设有黄色球体的大厦建在浅草。这类情况在其本国是绝对不许可的,但这些设计者们却在东京建造起这样的建筑来。

日本的城市规划限制很不严格,所以建筑师宛如雕刻家在工作室里自由雕刻创作,将奇形怪状的建筑物随意地拔地而起。并且,近年来撤销了根据用地与建筑物面积比率导入的容积制和建筑物高度限制,于是,东京出现了许多高层大厦。日本最高的大厦是由斯塔宾斯(Stubbins)设计建造的。丹下健三所设计的原政府大楼被称为战后最著名的建筑,已被拆除,在其旧址上建造了国际会议中心,这是通过设计比赛由维尼奥取得的。这些情况,使得东京富有诗情画意,引起了全世界建筑师的注目。在东京,我觉得有关建筑师的社会责任、道德必须进行重新讨论和纠正的时刻到了。

1988年12月我被选为日本艺术院会员,1991年秋被授予文化功臣,这都是很高的荣誉。12月在文化功臣授勋者纪念讲演会上,围绕东京的交通体系与大城市的时间观念我做了讲演。东京的卫星城功能与到市中心所要的通勤时间（据说平均往返要2个多小时）；总不畅通的环形线与市中心干线的功能；市中心再开发的住宅建设与市中心夜间的活性化等，就这些问题陈述了我多年的主张。

另外，在郊外卫星城，由混凝土墙围拢的密闭型公寓集合住宅中诞生并成长的一代，现今已经生出了第二代，他们与其长辈拥有明显不同的空间意识，同时又保持着脱鞋入室这种以往传统的地板文化。即保留着内部秩序与外部秩序的意识，进入21世纪。看到这样的城市现实，此时，我考虑到要把进行创造性思维不可欠缺的充裕时间投入到人体尺度空间与未来的城市规划中，我的这种发言也逐渐多了起来。

我写《街道的美学》之后已经过了20年，这其中对在高度工业社会的大城市中，经常发生的社区冷漠、近邻间漠不关心、疏远感、暴力、性犯罪等城市环境问题，我引用简·布茨纳·雅克布斯（Jane Butzner Jacobs）女士的《美国大城市的生死》（The Death and Life of Great American Cities）进行了论述。雅克布斯女士认为，在街上经常被多数的目光注视这对安全很重要，走出用途性区域，因街区结构的不平衡，形成了到处是死角的不安空间，不容许"大街注视（Street Watcher）"存在的建筑规划是社区冷漠的原因之一。指出当时美国大城市中，高层公寓自动运转的电梯、深夜无人的地铁的危险性等，但这样的城市彻底沙漠化，现在也正是东京的现实。加上露天生活者以及流浪者的增多，在社区居民之间曾经相互理解，存在的"美好风气"，在无言中期待，在重新被追求的同时，却已濒于危殆。

作为转向后现代技术的形态，我提倡扎根于地域社区的风土、历史，探索人性规模的新社区主义。与世界交流的同时，提倡富有地区性、个体性、以人为本的建筑思考方法。摆脱以往的功能主义，展望未来时，谁也无法提出明确的答案，但连续建造几个探索人的尺度的空间，在那里设置树木、山石，引入水流，由这样的部分扩展到整体，这样的想法自古就孕育出了日本洗练的事物。

例如，桂离宫等内部完善精巧的细部积蓄形成整体，进一步周围设置树木等，这种日本式的创意构思，似有与其融合之处。其建筑物细部的推敲斟酌，以隐蔽的金属钉固定，成为国宝级的艺术品；接口、接缝、木纹纹理，考虑得无微不至，仔细周到。

在此不得不触及阿尔瓦·阿尔托的部分创意。阿尔瓦·阿尔托是芬兰建筑师，同时也是斯堪的纳维亚的现代主义建筑之父。在芬兰与作曲家西贝柳斯齐名，同是国民英雄。他出生于1898年，逝世于1976年，因设计了帕米尔结核病医院而受到国际瞩目。看其平面图，不规则而且左右非对称形体的教会，以及奇异的凹凸的观众席建筑等，他追求利用自然材料和富有创造力的建筑样式。其作品具有温暖的人性化与缜密的细部，宛如对必要部分处处显示出充分的注意。其作品放置于芬兰的针叶松树林里，具有难以言喻的协调感，增强了魅力。阿尔瓦·阿尔托的作品教给我们工业化时代的手工美方法，使人感到与日本建筑深深的类似。

＊桂离宫（陆丹摄影）

21世纪的街区

我在《街道的美学》中，论述了位于城市与建筑之间的街区，追求街区美感，建筑物的高（H）与邻栋间隔（D）的比例问题（D/H越接近，越不在意毗邻的建筑物）。然后，在《街道的美学·续》中，涉及了街道宽度（D）与建筑物的宽度（W），进而扩展了论述范围，论及作为人的空间的街区问题。另外，在我的建筑设计事务所，实际进行建筑物设计时，以及在设计比赛时获得的大型设计规划的操作中，每天也具体讨论过这些问题。竞标京都国际会馆时，作为讨论结果就提出了城区测距体系的创意，虽然当时并未实现，但在1994年10月宫崎开放大规模度假村设施"山海度假村"中结出了硕果。

这一创意，对形态、设计不同的设施，能够以共同遗传基因般的东西连接起来，作为一个体系来完成。在被广阔的碧海与绿色松林包围之中的这一海岸线上，没有任何露天广告

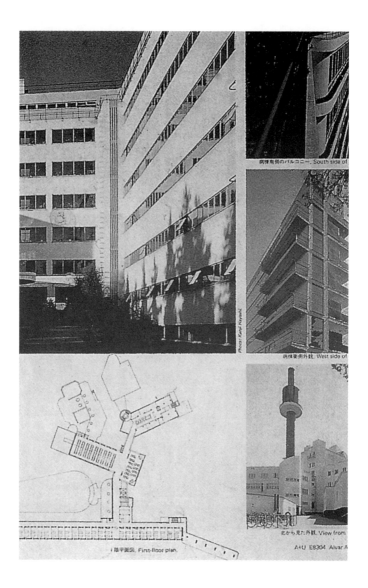

病棟南側のバルコニー. South side of

Photo: Kalei Hayashi

病棟東側外観. West side of

北から見た外観. View from

1 階平面図. First-floor plan.

A+U E8304 Alvar A

塔之类，自然与建筑物协调。沙滩、圆顶建筑、旅店、国际会议中心等设施弯曲设置，以全长700米的"购物商场系统"连接，从左右任何一方进入都形成在中心滞留的形态。这一内侧弯曲景观也可以说是我在《街道的美学·续》中所论及的，在水面上的"内隅空间"。与各个设施的用地内点在的设置规划相比，感觉将来增加设施也不会搅乱整体秩序，完全可以对应。我将其定位为：摆脱了以往的整体思维，是部分创意的概念，由一个秩序连接部分与部分的新的方法论。我投入此项目中，我的"寄语"是：进入21世纪，向造访这一购物商场系统的人们宣传并发挥街区所隐藏着的功能，让人们愉快地享受街区。我现在就如此期待着。

* 左图 度假村 旅馆奥香45

街道的彼岸

回忆芦原英了

父亲芦原信之在冈山的陆军医院退休后，在东京四谷的西念寺有许多大银杏树的庙宇旁边开了一家医院，兄弟敏信（又名：英了）也从冈山来到东京，在这里读了中学、大学。我生在四谷家中，大学毕业之前7个兄姐都生活在一起。对英了的印象，比起那时，更为怀念二战后共同在满目疮痍的东京的苦难生活。

比起自然美的事物，英了更喜欢人，觉得他对复杂的人与人关系、人的个性、思维方法、人的体形动作这类的事情感兴趣。有时读他的传记，写道从幼小时就喜欢去夜店观察叫卖香蕉，加以模仿。在少年时还去浅草的剧院，艺术团。其中1922年，安娜·巴布罗瓦舞蹈团在日本公演，英了中学3年级，看了那"濒死的白天鹅"与"蜻蜓"而深感悲痛。并且，他在自传中写到安娜·巴布罗瓦舞蹈团对他一生命运都有很大影响。1929年，画家舅父藤田嗣治带法国妻子YUKI

回到阔别17年的日本，那时的印象至今难忘。当时我还是小学生，外国女人成为自己的家人之类那是完全不可想象的事情。那时英了在庆应义塾大学读法文，人生第一次与法国人的她用法语交谈。与安娜·巴布罗瓦的刺激一样，从那时起英了陷入了法国文化之中，把一生奉献给了歌曲与芭蕾。

1913年27岁的藤田嗣治，第一次登上名为三岛丸的渡法日本邮船，在巴黎与川岛理一郎画家相熟，听说大受关照。另外，本文提及的高查罗威和拉里奥诺夫都与英了有关系，从他本人没有直接听说，是我阅读了《我的半自叙传》及《舞蹈与身体》才明白的。

英了多次去巴黎，想必熟知地理与人脉。我1954年留美归来，绕道巴黎，在藤田嗣治的蒙帕纳斯的工作室住了2个多月，漫步巴黎，对藤田夫妇的生活在旁观察，包括英了所述的君代夫人，对藤田嗣治的论述产生相当的同感。那以后，我自己著书时，就想写巴黎，在圣·谢尔曼·敦·布赖一角的小旅店阁楼住宿过，眼前就是"撒鲁特鲁"以及"博威瓦鲁"群聚的"奥·多·玛果"与咖啡·德·芙劳鲁；过了那里，赛努大道与玛杂里大道之间有杰克·卡洛大道的阿珀鲁德曼，在这里曾经住过功查罗瓦与拉里奥诺夫。1957年访问时，听说二人都患了病。二战前，这对夫妇所赠的绘画、乐谱都毁于战火，二战后再次得到的画集、书信听说都很好保留着。英了时时拜访阿珀鲁德曼，结下了深厚友情。

英了1981年74岁去世，我曾去筑地癌症中心看望他，兄长对所收集的大量唱片、乐谱、图书、文献、绘画等提出要捐赠给国会图书馆，但没有收到答复而十分担心。于是我直接去了国会图书馆，说了情况。第二天，国会图书馆的部长拿着鲜花来探望兄长，表示接受全部捐赠。兄长脸上现出松了一口气的样子，不久就离开人世。恐怕他最担心的是自己辛苦积攒收集到的珍品不加整理直接埋葬吧。此后，国会图书馆经过数年编辑出版了数册《芦原英了集品目录》，这是世界罕见的珍贵文献。此次资生堂画廊的展览会上，根据国会图书馆的意愿，英了的资料与福原信三的收集物品一同展示，现在我对兄长英了的艺术与美的执着追求更是由衷敬佩，也对这一策划深表敬意。同时，祝福川岛理一郎、功查罗瓦、拉里奥诺夫、兄长英了、舅父藤田嗣治等在天之灵安息。

1995年

最近的思考

在我家10坪左右的院子里，密密种植着髭脉桤叶树、大花山茱萸、日本辛夷、山荔枝等落叶树，以及天台乌药、茅草、香椿树、车轮梅厚叶石斑木这样的常绿树。隔着书房的窗户看着庭院的杂木，一直翠绿的树叶，最近也许是因为秋季来临而出现斑斑黄色，渐渐开始变为红叶了。这种季节变化每年都有，从书房窗户眺望庭院红叶的同时，想在此迎来秋季已经40余载，深切感到了日月如梭。

我也达到了这样的年龄，回顾人生，十分短暂，却又分外漫长。

高兴的是人生几乎都忙于有价值的事了，几乎感觉不到时间的飞逝。如果哀伤，因不悦的事情而畏缩不前，总是会停滞在一处，因此尽快忘掉不悦之事，习惯于不停滞地前进，我感到人生转瞬即逝，过得飞快。

但仔细想想，感到年轻时十分辛苦。大学毕业想做建筑设计，却正值战争激烈之时，立即进入海军营建队，带着许多木匠和工匠到新几内亚。中途，在菲律宾湾被潜艇击沉，在新几内亚的丛林中，以及哈鲁玛赫拉的偏僻之地吃野果，忍饥挨饿，庆幸最终平安回到日本复员了。站在满目疮痍的东京大地时愕然不已，自己出生居住的四谷的家几乎化为灰烬。感到作为建筑师在有生之年必须将这满目疮痍的大地变为出色的城市空间，颤抖着思索着徘徊在战火毁灭的大地上，这一切宛如昨日。此后，以笔舌为工作的辛劳，凭借20多岁体力、精力，没有感到痛苦，每天只想如何前进。这也宛如昨日一般，同时也如久远的过去，颇感奇异。

这样，对于人来说，时间是什么？现在再一次思考，是完全必要的。自己一直坐在可看到杂木林的书斋椅子上，时间也如同江河一样时时刻刻地流去。那江河之音在年轻时，在繁忙时，全然不闻。是因为达到某个年龄的原因，最近却感到从身旁匆匆而过，什么时候就会到达终点。假若想知道这是什么瞬间，也没法向前人打听。先辈们静静地让时光结束，远远离开了他们的世界。

所谓"人"，原本是生存于地球的生物之一，总要新陈代谢，肉体总要回归大地。

这样，其之后所留下的就是他的精神、有意义的话语、著作及作品这些东西。一想到离开人世完全被遗忘，或成为时时在脑海浮现的人，真是有些令人郁郁寡欢。是啊，完全被世人忘记，会感到有些悲哀；如果因有什么缘故而被忽然想起，我感到那是最愉快的。

考虑这样的事究竟意味着什么？很快就要到达终点了吧。

对于我何谓"时间"？在大的潮流之中，在眺望杂木林时忽然想到了这些。

1998年2月

城市中的"时间"与"空间"

　　住在东京这样的大城市，"时间"与"空间"就是两个无比重要的生活条件。不管怎么说，东京的通勤时间一般单程要一个小时，弄不好比这还多。单程一个小时就意味着往返要两个小时以上花在通勤路上。欧洲国家职场与居住接近而住在城市，我们日本人一天的自由时间很少。并且，城市地价之高令人瞠目咋舌，居住"空间"极为狭窄。

　　在这种情况下，普及每周休息两天的制度，职员在周五、周六、周日这些周末的夜里只得待在家里。到哈佛大学，以及有 MIT 的波士顿、剑桥的郊外去看一看，宽广草坪的前庭鲜花争妍，旁边有停车场，居住"空间"也十分宽敞。特别吸引人的是地下室等称为"兴趣室"的房间。房主制作绘画框架、制作书架的工具完备的工作室、陶艺室、绘画、素描室、有音响装置的欣赏室、运动器械齐备的健身房、葡萄酒地窖等完备。去大学或研究所开车不到十分钟，城市中的

"空间"与"时间"可谓充分。

随着经济追赶超越的发展时代，也许比他人早起5分钟，干得浑身大汗可能会好。现在，这样的经济发展时代在日本已经结束了。进入了每个人有个性的文化创造时代，无论如何也希望住宅内有充足的"时间"与"空间"。如果不这样，那就不会出现获得诺贝尔奖的一流的学者。城市中，"时间"与"空间"成为重要的文化条件。

要满足这一条件，首先是职业与居住接近。最近的信息文化时代，因电脑与大众传媒等普及，有人说并不需要职业与居住接近。但是，不论怎样，最基本的人与人的相互接触才是城市生活的必要条件。

到纽约曼哈顿看一下，其中央有世纪公园，周围高层公寓林立。用东京来比喻，就如日比谷公园周围全部都是高层公寓那样，在这经济不景气的时代，丸之内、银座等的餐厅，周围商店街也当然不得不繁盛。是什么原因在日本城市中心的昂贵土地上要建造住宅？这是政府、民众共同厌恶的倾向。

并且，土地利用的基本想法不是为了居民的幸福，而是以经济收益作为主要动向。首先，地价过高，所以为了维持就必须支付令人惊愕的高租金。

欧洲的巴黎、罗马等城市，连一棵树都没有、只铺有石块的广场设置在市中心。巴黎的旺多姆广场、罗马的坎匹德里奥广场，最为出色的是威尼斯的圣马可广场。当然，树木葱郁的市中心公园也不错，东京市中心如果也有一无所有的石铺广场，我想也很好。旧国铁汐留车场旧址等也都为公民建成东京的圣马可广场的话，那就该欢呼万岁了。为什么为填补国铁赤字，要在城市规划中进行关照？不予考虑才会更好。这恐怕是上位者根据会计法的判断，即没有总理大臣级别的决断是不行的。

法国根据前总统密特朗考虑的大规模城市规划，从卢浮宫美术馆的玻璃金字塔，到18世纪的卡鲁索凯旋门、协和飞机广场的方尖碑、香榭丽舍大街、19世纪的爱德瓦鲁凯旋门、20世纪规划的新形态凯旋门，都设置于一条直线上而实现了。

　在日本，大多是只从高度利用市中心土地的立场考虑来实现建筑。东京车站这样在城市中心的车站，也许会考虑在上层部分设置百货店，但欧洲的首都车站上层部分没有听说过有设置百货店的。车站屋顶的上部有天窗，从那里阳光洒入，不由自主地令人想起鲁萨诺·布拉迪与凯萨林·贺普邦惜别的情景。

　对此，日本的车站充满百货店的标示广告等，完全产生不出浪漫色彩。这样的城市整体不是从城市规划的创意形成，而只是从部分的土地利用效率性及收益性进行规划，只能这样认为。

　东京车站周围目前正在建设可以容纳数千人的国际会议中心，为市中心的活性化的确可以理解，但正是这一土地才希望建成宽阔的市中心公园，在那里建造卢浮宫美术馆的玻璃金字塔之类。地下若设置成田机场特快线、羽田机场特快线、东海道新干线、东北新干线、上越新干线等综合交通枢纽，那就会节约"时间"。

国际会议中心完工，数千人的VIP进出，周围道路顿时会混乱阻塞吧。

不是考虑各个土地的所有权，而是考虑交通计划的城市规划，由此使市民节约"时间"，由建造广场来获得市中心的"空间"，这才是未来时代应研究的大课题。

1995年6月18日

城市生活的"时间与空间"

最近，日本首都东京开始发生各种变化，也可能是每周休息两天制的原因，周五的傍晚开始到周末，办公街区完全恢复了平静。早些回家做自己感兴趣的事，周末旅行的人，各种各样。

至今为止，在家庭中，优先充实孩子们的学习房间，加班及宴会等夜里迟归的丈夫只要有卧室就足够了。而现在，需要有丈夫的兴趣室了。

几年前曾访问美国朋友的住居，在那里有半地下的房间，即称为"兴趣室"的房间。丈夫回家进到那里，动手动脑度过时间。在各种木匠工具齐备的工作室，制作感兴趣的木工制品，修补吊架、门；旁边有画架，上面有画布，可随意绘画。"兴趣室"的旁边有各种运动器材齐备的健身房，以流汗增进健康。另外，它的旁边还有配有影像及音响装置的高度震撼身体各个角落的欣赏室。

那时，日本的中年男性是在酒吧及餐厅交杯换盏、迟迟不回家的一线社会人。但今天想一下，西欧社会在很早以前已经是男女平等的文化社会了，是每个人在尝试着提升自己的能力与创造性的同时而成熟起来的。

日本二战后50年，在进入21世纪之前，男女总算确认了各自的存在，丈夫只是烂醉喝酒，消磨时间，已经不合时宜了。其一是女性已经走入社会，男性已经不可以随意在家庭之外滥用时间与金钱，正在向西欧社会看齐。

再是随着女性走入社会，女性的社会责任实际也在加重。当然，今天感到责任过大过多的女性也很多见，很多年轻女性解放感优先，电梯中、车厢里旁若无人地大声讲话的也经常看到。

我最初到欧美看到过女性乘电梯时，男性一齐脱帽，女性以温柔的眼神向同乘的男性有意无意地友谊致礼。而在日本工作归途乘地铁，常常可以看到年轻女性在打盹睡觉。激烈工作的疲劳可以理解，但另一方面，作为社会一员，要有一点自我存在的意识，在车中表现优雅美丽也是对于社会的责任。

今后日本的大城市——例如东京会怎样变化？在战争中被毁灭的东京，在这五十年间真是拼死般疯狂重建，今天已经有了丰硕成果。但这依然有一点不足，这恐怕就是城市中"时间与空间"的问题。

每周休息两天的周六、周日的时间不谈，平日若是职业居住接近，一天的时间就会富余。现在东京的通勤时间每天往返要两个小时，到纽约看看，曼哈顿中心的世纪公园周围都是高层公寓。假如在东京，就如日比谷公园周围全部都是高层公寓的话，通勤只要十几分钟就可以。傍晚可以带全家在银座、丸之内的餐厅享受晚餐；并且，市中心的百货店、餐厅也会更繁盛。

这是因为日本的土地使用规划及土地所有制，收益性少的住宅总是难以弥补市中心的地价。最近，大肆报道首都迁移的问题，究竟迁到哪里尚未决定，只是决定迁移，这究竟是怎么一回事？

要迁移的话，首先要决定迁移的地址，冻结地价，由公民投票决定赞成与否，这些手段是必要的吧。不这样，每次说迁移，地方的地价就会上下波动，有人获得巨额利益。要考虑到人民的幸福，以及前首都东京的将来之类一切相关的事。

总之，或可以明确地说：日本的城市问题是今后重大的社会问题之一。

1996年2月

芬兰见闻

芬兰是欧洲距离日本最近、与传统的欧洲各国略有不同、多森林、湖泊的文化国家。芬兰与日本的共同点也很多。访问赫尔辛基这样的首都，可以看到在与日本城市不同的城市规划下整然的城市形态。比任何地方都具有魅力的埃斯布拉纳达大街，一端连接面向大海的市场广场，另一端是连接剧场的公园道路，立有许多雕塑。五一劳动节前后，这一广场般的道路上，满聚着具有大学考试资格的青年，他们戴着帽子，聚集在此的情景给人深刻印象。

在赫尔辛基郊外，塔皮奥拉以及奥塔涅米这样的田园住宅区规划，与日本的公寓住宅团地不同，充满了生机。高层、中层、独户住宅很协调地融于森林与湖泊的自然之中，形成极为美好的生活空间。

为今后追求这样状态的城市远景，此次策划了日本城市与赫尔辛基之间的交流计划，在日本各地举办了研讨会、展览会、工作协助等活动。在这样的机会中参考"赫尔辛基智慧"，对于反复紧张开发的日本城市规划确实是考虑环境的城市存在方式的很好契机。如何有效地利用环境资源，人们可以安心生活的街区应是什么样子，对下一代应该怎样进行环境教育，有关这些问题广泛交换意见，深入讨论，对日本及芬兰两国都是极有意义的。

我们送别20世纪，站立在这一时代建造起来的城市文明顶点，究竟我们能为下一代留下什么？这是有疑问的。我们必须留给下一代有关城市与环境的智慧与见识，通过"日本与芬兰的城市讲演"得以明确。希望打造出面向21世纪新城市建造的基础。

距今40年前的1966年，我首次访问芬兰，被那湖泊与树木环绕的自然环境深深感动。访问了住在赫尔辛基郊外塔皮奥奥拉的一位芬兰建筑师的家，德国建筑师与我等应邀来到在新城湖畔这一家的桑拿室。问了芬兰建筑师，得知桑拿的室温为摄氏100度。100度是可以烧滚开水的高温，我很担心这在旅途中会引发心脏停搏。但是，芬兰朋友说：根据经验，绝对不可能发生这样的事。劝我放心地消除旅途疲劳。于是，我生来第一次进入了桑拿室。三人脱衣进入桑拿，感到非常舒服，跳入冷水中，然后再进入桑拿室，反复数次，十分爽快，完全摆脱了旅途疲劳。

由此拜托这一芬兰建筑师将桑拿炉从赫尔辛基寄送到东京，我在自家庭院建造了桑拿小屋。这恐怕是日本真正的平房桑拿的开山鼻祖，我十分自负。那以后，每周末必入桑拿，跳入庭院里所建的水池中，一周疲劳全部消除。以后，东京柴薪逐渐难得入手，我便将这桑拿小屋移到了轻井泽。在东京自家书房一角设置了电桑拿（暑假在移建轻井泽的桑拿小屋，从早到晚享受桑拿）。

这样，我自称亲桑拿派，与很多芬兰友人同入我家中桑拿。

芬兰与日本不仅有洗桑拿浴这样的生活习惯，而且感到国民也有某些共同特性。那恐怕是因为芬兰在欧洲东部一角，邻近俄罗斯，在西欧各国中，与日本接近；还因为日本在亚洲东部一角，虽在亚洲，至今却在文化上有些与欧洲接近。这样，芬兰与日本从欧洲与亚洲互发信息。到了芬兰，你会看到音乐家的西贝柳斯和建筑师的阿尔瓦·阿尔托二人都作为艺术巨匠受人尊敬。建筑师作为国民的英雄受到尊敬，这真是好事情。

在此，我说的话有些陈旧，两个相反思维的建筑师相比较，那二人一个是21世纪巨匠法国的勒·柯布西耶，再一个是前述的芬兰建筑师阿尔托。我觉得这两位建筑师在某种意义上，创意相反地进行设计，即"部分"与"整体"的关系。是由"部分"开始，还是由"整体"开始的想法不同；或者是"内容"优先，还是"形式"重要的想法不同。阿尔托的建筑与芬兰的风土完美融合，以美丽的森林、湖泊为背景，完美构成了使用舒适的空间。并且整体也格外优美，也充分注意到精巧的细部。那正如日本的桂离宫在美丽的绿色之中，古书院、中书院、新御殿雁行状设置，同时带有整体感。连拉门的运作，铁钉的隐蔽，都是优美艺术品的结晶。接头、接口也集尽推敲，细腻精美一脉相承。

对此，勒·柯布西耶的作品不是书籍，实际看一下有一种不可言喻的惊诧。远远看去具有美丽无比的比例，然而近处一看，细部粗糙，室内整体结构失去生气，有这样的印象。我实际考察过马赛的马赛公寓和印度昌迪加尔的复合建筑，强烈感受到这种印象，即重视整体的城市规划结构，以及比例、正面性、左右对称性。这是巨大的雕刻，与重视内部功能的阿尔托作品有一些不同，或有很大差异，这给了我很深的印象。

看一下东京这样的日本城市，何等杂乱，可以说完全没有城市规划的整体性。东京的人口1200万较为合适，这样的东京有着一种奇异的"隐藏秩序"，夜里独自也可以行走，可以放心地吃食物，也存在准点运行的交通体系。确实是勒·柯布西耶式的城市，在某种意义上，觉得与阿尔托的想法也有接近点，但东京并非这样就好。

前面访问赫尔辛基，是感到春天到来的美好时节。沿着高速公路，白桦树排列而立，市内没有任何围墙、电柱，街区有一种整洁的秩序存在。日本的国民性与芬兰接近，具有创造意识，但却深深感受到城市景观的脆弱性。今后，要更广泛地与芬兰交流，相互交换看法，学习其长处。

1997年9月

学校建筑

40多年前（1952年）日本还没有电视，我作为二战后建筑学专业的留学生初次来到哈佛大学的研究生院学习。当时，日本的大学流行排除无用设备、具有功能主义的现代建筑，我比他人更早地获得了勒·柯布西耶的作品集。若设计水平连续窗户及片面立起式，尽管不完美也能获得高分数。当时的教育确实是在相互追赶，都想尽快获得海外的资料。

但在哈佛的研究生院我以这种心情画图给老师审阅时，却被训斥："你是来自东方国家的留学青年，并非是从欧洲来留学的。要自己思考，创造自己的空间；要独自创作，模仿就没有价值了"，这样的话我在日本的大学从未听过，深深铭刻在我的头脑之中。

那么回过头来看一下日本的学校建筑，都是同样姿态的钢筋混凝土结构校舍。以前，考察过北方边远地区的小学，那里尽管有靠近野生的山毛榉树林的环境，却吃惊地发现校舍是与市中心相同的钢筋混凝土结构。

日本对学校建筑的要求严格，各地方发挥自己的风土特性是放在次要位置上的，但从北海道到九州都建同样的校舍是不必要的吧。

日本南北狭长，气候多样，利用这样的天然环境，建造校舍的时候假如也加入各地域的传统建筑，利用当地固有的材料等，对应各自的风土特点，那不是更好吗？进一步重视独特性会更好。同时，街区与同地区内的其他公共设施协调，城市建造沿着整体形象规划设计，这也是重要的课题。

近年来，流行开放学校，学校的夜间利用增多。因此，作为街区形成要素，外部空间的夜间照明受到瞩目。校园与周围街道衔接的处所单调，从补充的意义上，在街道建造凹处，设计照明等，要求有所创意，这样才能与学校周围地区的活性化联系起来。

另外，校园及周围的绿化也很重要。童年时所见的大树以及印象深刻的行道树等，成年时也会经常回忆。因为少年期的记忆，绿与水的重叠，这与人的性格根源有很深的关系。绿化方法多种多样，但最好还是设法形成各个学校自身的特点。例如，运动场中央栽种大树，易于散乱的升降口前，建造郁郁葱葱的树林等。进一步，从门口到升降口前排列落叶树与花木，春季鲜花，夏季绿荫，秋季红叶，冬季树梢间的阳光等，形成四季美丽的道路，这也是一条思路。

还要注意考虑水的设计。例如，在运动场与校舍之间设置接点，让人感觉到是在水边的设计；校舍之间的广场一角设计水池等。积极考虑引入水景，使学校周围的空间变得生机盎然。

在此叙述一下我极少的学校建筑设计体验。

记得那是设计横滨的老松中学，在理解了学校设计标准之后，进行的设计相当辛苦。该校在野毛山的一角，由坡道下向西到头进入学校正面，校区东西高低差大，穿过门口旁边的片面立起建筑物基部，有利用地形形成的露天舞台广场与操场台阶兼用的段台，通过片面立起基部与周围环境形成整体化的外部空间。改造前的校舍与野毛山的绿色景观很好融合，所以要推敲创造出不损坏与周围环境协调的新建筑空间。

横滨市很早就进行了各种城市建设，再一个是北方小学的改建事例。这所学校经过很长岁月，已经融入了山坡高处景观，与周围协调也如同上述的老松中学。这一时期的改建，使命就是与周围环境协调，并创造出新的出色外部空间。在这所学校的设计中，被校舍群包围的广场外部空间地面以瓷砖铺装，广场入口部的中央设置了钟楼。从入口处向南展开操场，最南端设置游泳池作为操场边缘。北侧之外的三个方向主要连接道路，所以校区周围的处理，景观上为要点，但作为校区整备的标准设计，又规定周围以栏栅状物围拢，对这一处理方法曾苦苦思索。植被范围尽可能扩大，在其中间位置设置栏栅，尽可能设计得在视觉上不突出明显。南端的游泳池为地上设置型，阻隔视线，遮挡日照，而且有一定高度，作为景观方面来看并不好，对此在设计上如何弥补的问题没有解决。说"水边景色"有些夸张，但要让水平面尽可能接近地面，略低于地表面，水面倒映的景色及光，要充满风情，抚慰人心。对于池水的设计方案也到了提出新意的时机了。

学校建筑需要土地宽阔，连接邻接地或道路的部分尽量大，这是街区形成的重要元素。校舍长而大的墙面左右着景观，所以楼栋安排、墙面装饰就变得很重要。校舍本身作为当地的脸面，具有个性及地区性也十分重要。但这并不意味着孤立或分离，而应考虑为人而作、以人为本的建筑思想。并且，创造出更人性化的建筑物正是我们这一代的社会使命，同时还必须向下一代认真传递。

现在，大家都力争达到学校建筑的平均标准，在实现标准化的今天，并非是平均统一，而是进入了重视个性同一性的摸索时代。

文部省也正在探讨营造文化教育环境问题，看到校舍就产生"我要进这所学校"的欲望，这种有魅力的新型学校建筑，就是我们的目标。这也是街区建设的重要元素，对此发挥作用是我们的理想。

1997年

致未来一代

世界罕见的超现代主义的京都车站竣工了，这究竟是值得京都夸耀自豪的门面？还是背面？对此人们的看法不一。不得不预感到新的时代到来了。那时，忽然想起京都的祇园花见小路，以及金泽的东茶屋街那样木结构美的木格子窗户及出入口，想在传统景色的街区漫步。京都的出色之处在于文化的传承，现在各处依然散在着许多神社佛阁，其美丽的木结构建筑及庭院为世界所瞩目。祇园所表现的风花雪月文化是日本的骄傲，是非在京都则无法感受的喜悦。然而，时代迅速变化，如何才能将这些文化传到下一代，有必要考虑。

我想这恐怕与日本的土地所有制问题有深刻因缘。在自己所有的土地上，尽管有规定的制约，但也能以自由的形态建造建筑。不必像巴黎街区那样屋檐线对齐（雪檐线对齐），不必在意墙面砌石的颜色、窗户的齐整这种城市景观的要求，可以用各种想到的形态和色彩来随意建造。京都以传统的木结构建筑为主流的时代已经离去，新的高层建筑的时代到来了。对此，我考虑土地所有制依旧，将来会出现很多的麻烦。

对那时阪神大地震的反思，要求建造抗震、防火性能强的建筑。但只要是安全坚固的建筑，与街区及景观无关地存在于街中，那恐怕不行吧。

先前我访问了俄罗斯的圣彼得堡，对那整齐美丽的城市景观极为惊异。但若是没有彼得大帝的权力，以及土地国有制，恐怕是无法实现的，正因为有土地利用规划与道路规划才能够形成。但是现如今想让日本的城市像外国那样形成整然的街区，无论如何也不可能了。在京都，要为了将祈园花见小路的景观能传给下一代，而认真考虑并强化保护。京都在日本也是传统与文化的重要城市，因此希望能永远存续。

岐阜县在日本的中心位置，最近每次议论首都功能转移的问题，东浓地区都成为话题。其北边的飞禅地区是虎视太平洋与日本海南北的要塞，那里的飞禅高山从历史上看，在江户时代就是文化中心。其传统的木结构建筑的精美，以及由此组成的街区的独特性，进而工匠技艺产出的众多工艺品等，都强烈吸引我造访这里。

现在日本首都东京，以及亚洲各国经济迅速发展，这些国家首都夺目的巨大超高层大厦林立，引起世界的瞩目。但这些城市存在的基本理念是什么？我想现在有必要再次充分讨论。只是超高层，世界最高，这是存在理由吗？完全无视前面道路与建筑的关系，屋檐线高度的整体性等，在用地上建起大容积率的超高层大厦，由此当然会失去街区的整体性，仅凭一个个的自我表现性与高度，那结果当然就要询问其表现价值，看看很多实例，十分清楚。

那时，想起了巴黎的街区，沿着屋檐线的高度整然排列，没有墙壁广告及电柱。那一瞬间，脑海中浮现出飞禅高山的街区。

调查一下高山的历史，战国时代，越前大野城主金森长近接受丰臣秀吉的命令进入飞禅，在此建造城下街区。居民住居被设置在低处，建成了现在的上一之町、上二之町、上三之町这些南北方向的长街区，那里现在依然存在多个著名的历史建筑。这些著名历史建筑的特点就是木工工匠费心机制作的高度为4～4.2米的屋檐和斜度为2寸8分左右的屋顶，形成了美丽的街区。

我想这可能是金森长近的长期预定城市道路、用地规划的长处。对此，有飞禅工匠的技艺、居民的自制自律，是他们富有美感的感性影响所致。

日本土地所有的方式极为物质化，只要是自己的土地，横分竖割都凭自己，道路与自家用地境界非直角也可以。这样的土地区划，只按照土地所有者的想法建造建筑，所以形成现在日本城市街区的景观，这也是理所当然的事。高山地区那样对齐屋檐线，墙面及窗户协调等类事情，在这样的土地所有者的情况下，那是不可能的。这种时候，会忽然希望在21世纪再次出现金森长近这样的强力领导。

此次，岐阜县飞禅地区的主规划政策调查已经实施，上述事情已经预感是序曲。按照这一想法，让我们承担世界民俗文化中心设计，形态和功能各异的活动中心、大厅、音乐厅、展览大楼、会议餐厅等，苦苦思虑着如何设置才能出现21世纪的飞禅高山。

飞禅地区从有历史以前就孕育着与自然共存的文化，对此研究，要在考虑保护自然环境的同时，推进规划。

由衷期望世界各地的人们将来到此访问、活动，评论、热爱这里的设施。

1997年秋，首次经过莫斯科访问圣彼得堡。几年前曾经访问过莫斯科，而这次访问却感到有所不同，出现了新的气氛。走在路上的年轻女性聪慧飒爽，给人留下强烈印象。世界著名的埃尔米塔杰美术馆规模好，内容好。宫殿广场的宽阔，精美铺设的路石映入眼中。感到最为愉悦的是圣彼得堡美丽整然的街区，道路笔直、宽阔，那里排列的建筑屋檐线整齐，窗户形态协调，极为整洁。电柱、电线、五颜六色的广告等全然不见。日本城市恐怕除了北海道的札幌之外，在形成前没有存在道路规划、城市规划预见的。在这一点上，圣彼得堡存在事前规划，恐怕包含了彼得大帝的权力。现在走在街上，愉悦之感也直入心中。

日本首都东京最为整洁的街区恐怕要数皇居前的日比谷大道。那里不见电柱、广告等，除了最近增建的建筑之外，也都对齐屋檐线。但是，到了日比谷公园的交叉路口，这条大道也向右转，三宅坂方向来的内崛大道也在这交叉路口向右转，令人感到这路口奇特。这样，以为肯定是正确的四边形地形的日比谷公园也变为了梯形的公园，令人感觉日本的道路规划讨厌直线、直角，故意绕弯。

离开圣彼得堡回国那天，终于实现愿望，能够访问出色的中层钢筋混凝土大楼的住居。由道路进入的门口设为双重门，并不能轻易打开。上了楼梯，进入那家，入口厅周围因为橱柜少而堆满物品，电话、电视都有，浴室、厕所、厨房等却说不上是先进国家的水平。那时，眼前忽然浮现出日本的住宅环境。

东京的道路规划与按屋檐线建筑排列的圣彼得堡相比，感觉是自然产生的，在那建筑物里展开的生活是二战后50年所达到的现代化，所达到的国际水平。并且生活内容以及生活食物比美国及德国朴素人群更为先进。

日本的建筑传统不喜欢左右对称及正面性，是在树木、围墙中保守自律的封闭存在。但从室外进到室内却是外国人无法想象的充实，朴素的同时也含有文化性功能，那是从屋外看去无法想象的。并且，木结构建筑有壁阁空间，可以装饰轴画、插花，表现"隐藏的秩序"。

但现在日本正进入21世纪，发生着变化。这也表现在年青一代的服装上，野性、恣意，行为、表现与以往的谦恭、寡语不同，可认为是伴随着强烈表现的不客气行为。无法判定这是好还是坏，日本多年养成的传统开始发生方向转换了。我作为战后全额资助免费留学生到哈佛大学时，最初所学的是"Let's other's understood"，即，自己所想的要传达给他人以获得理解。日本人语言表达能力弱，表现力欠缺，容易招致误解。那以后经过半个世纪，进入21世纪，日本人，特别是年青一代相当清楚地表现自我，正因为如此，对自己的发言也必须负有责任，这是事实。

日本的街区最近也开始发生急剧变化。东京大片空地开始建造东京会议中心、新国立剧场等；另外，京都超现代的车站建筑也完成了。这些富于自我表现的建筑出现，当然自不必说，那些建筑对自己的表现必须负有责任。对此，可以说参与这些建筑的建筑师们的责任也更强了。

21世纪展现在我们面前，如何对应新世纪，在新年之际有必要认真思考。

1998年1月

后记

这次，岩波书店说把我写的文章整理成册出版，我无比高兴。所写的时代各不相同，所以表达也感觉有所不同，但基本上一贯。很快我也80岁了，这恐怕是我最后的一本书了，所以有众多读者对我来说将无比荣幸。

建筑师的履历书是什么？回顾似长实短的人生，战前、战中、战后，建筑师的辛酸与喜乐尽浮眼前。回忆战争结束后，我复员，站在因战争变得满目疮痍的东京大地，强烈感到建筑师的使命感。看一下今天的东京，如此之多的高楼大厦，仅在半个世纪之间就建成了，我想作为建筑师努力的余地已经极少了。这作为我的履历回顾，感到人生机遇正逢时，同时也感到受惠于许多出色的先辈及同事才达成今日人生，由衷向他们献上感谢之意。

芦原义信

1998年10月

出版一览

* 《回忆芦原英了》
"《资生堂画廊75年史》纪念版 第6次资生堂画廊与艺术家们"
引自《20世纪20年代的巴黎》，资生堂画廊75年史编辑室，1995年3月

* 《最近的思考》
第一版《时间——最近的思考》、《续·我的"时间"时间文化研究所》
1998年2月修改

* 《城市中的"时间"与"空间"》
"产经新闻"，1995年6月18日

* 《城市生活的"时间与空间"》
"中央公论"，1996年2月

* 《芬兰见闻》
第一版《芬兰与日本的城市交流》，日本芬兰城市讲座实施委员会，
1997年7月修改；
第一版，无题《洗浴FURO & SAUNA》，芬兰桑拿协会、德尔菲亚研究所，
1997年9月修改

* 《学校建筑》
第一版《学校建筑的文化课题》，"教育与设施"，1997年春季刊修改

* 《致未来一代》
"Gion"153期，1998年1月；
《21世纪的飞禅高山》、《彩SAI》8 期（财）岐阜县策划设计中心，1997年；
《美丽的街区》、《再开发联系者》72期，1998年

芦原义信

1918年出生于东京，建筑师、东京大学名誉教授。设计了银座索尼大楼、东京奥林匹克驹泽公园体育馆/管制塔、国立历史民俗博物馆、第一劝业银行总部、东京艺术剧院等著名建筑。在建筑与城市规划之间，引入了以人的身体性为媒介的"街区"视点，在日本的城市论中拓展了新的领域。

本书是作者对自身建筑设计、著书活动的记述，是从更广阔的视野回顾、描述的独特的履历书。

著作权合同登记图字：01-2014-2334号

图书在版编目（CIP）数据

建筑师的履历书 /（日）芦原义信 著；卢春生，高林广，刘显武 译 .
北京：中国建筑工业出版社，2017.5
ISBN 978-7-112-20624-7

Ⅰ . ①建⋯ Ⅱ . ①芦⋯ ②卢⋯ ③高⋯ ④刘⋯ Ⅲ . ①建筑学 – 文集
Ⅳ . ①TU-53

中国版本图书馆 CIP 数据核字 (2017) 第 065632 号

KENCHIKUKA NO RIREKISHO
by Yoshinobu Ashihara
© 1998, 2003 by ASHIHARA Architects & Associates
First published 1998 by Iwanami Shoten, Publishers, Tokyo.
This simplified Chinese edition published 2017
by China Architecture & Building Press, Beijing
by arrangement with the proprietor c/o Iwanami Shoten, Publishers. Tokoy
本书由日本岩波书店授权我社独家翻译、出版、发行。

责任编辑　刘文昕
书籍设计　瀚清堂　贺伟
责任校对　焦乐　关健

建筑师的履历书

［日］芦原义信 著 / 卢春生 高林广 刘显武 译

中国建筑工业出版社出版、发行（北京海淀三里河路9号）
各地新华书店、建筑书店经销
南京瀚清堂设计有限公司制版
北京顺诚彩色印刷有限公司印刷

开本　787×1092 毫米 1/32　印张　4　字数　90千字
2017年5月第一版　2017年5月第一次印刷
定价：29.00元
ISBN 978-7-112-20624-7
（30224）